与孩子和宠物一起生活的
家务秘籍

[日] 东 和泉 著

李昕昕 译

华中科技大学出版社
http://www.hustp.com

中国 · 武汉

3 个小祖宗＋4 只猫仔

短短一天

乱糟糟　脏兮兮

与孩子和宠物一起生活的每一天，家里都乱七八糟、鸡犬不宁的。
因祸得福，既省事又省钱的清洁重启程序诞生啦！
我相信房间的脏乱指数有多大，家务重启后的喜悦便有多大。所
以，我很享受属于我的家务作战日！

① 孩子们肆意玩耍后的客厅。开
始玩耍后 30 分钟的样子。

现在，我要把自己
的家务秘籍分享给
大家！

一天的毛发
和灰尘。

② 每天早晨用吸尘
器"采集"到拳
头大小的灰尘团。

③ 小祖宗玩耍后的玩具之路。

④ 4只猫仔潜伏在各种地方，家里猫毛遍地。

⑤ 玩具箱简直就是为被打翻而存在的。

⑥ 疯玩后一起午睡的三兄妹。这可是家
中常景哦。

➡️ 序言

　　说到我开始对做家务情有独钟，还要从大约五年前用破布头打扫卫生时说起。

　　一直以来想当然地以为，把旧床单、旧衣服剪得细碎，改良后代替抹布，再吭哧吭哧地擦拭家具、地板，这就是做家务。突然有一天早晨，我停下了正在打扫卫生的手。

　　地板在朝阳的照耀下，反射出耀眼的光。蓦然抬头，发现家中所有物件都闪烁着动人的

光芒。电脑显示屏如同一面镜子，反射出整个屋子。看到这一幕，我愕然了。

整间屋子都是幸福的！清楚地感受到这一点让我激动不已。不知何时，褪去灰尘、焕然一新的房间，好像正咧开嘴角冲我美美地微笑。

这便是我猛然发觉做家务那种酣畅淋漓的快感的瞬间。

在那以后，我便开始了真正的家务之旅。儿子出生后的第二年，双胞胎女儿出生了。就连最开始和丈夫二人世界时候的猫咪，也从2只长到4只。

　　宝宝和猫咪加入后的家居生活，并没有因此变得脏乱，反而一天天地闪亮明媚起来。每天追赶在小祖宗们的后面，原本脏兮兮的房间被擦拭得一尘不染。

　　另外，如此忙碌的育儿生活中，能忙里偷闲地做做家务，也成了我排遣压力的一种方式。

　　我将做家务和养育孩子的日常琐事填满博客，却意外地收获到大家热情的回应。看到我如此醉心于做家务，很多网友回复"我也想做家务了"。

　　这时候，我才开始明白，对于保持房间卫生来说，整理收纳尚且可以苦中作乐，但对做家务感到苦不堪言的人却不在少数。

　　我认为，比起技巧、工具之类，享受做家务本身的愉快心情，才能让房屋闪亮起来。我想通过这本书，让更多的朋友们像喜欢上某种兴趣爱好那样享受做家务的过程。我将自己的所见所感真实地写在了这本书中。

　　本书主要介绍了如何舒缓做家务的压力，发现美好生活每一天。在第二章具体描述了做家务的基本方法和应用。最后一章呼吁大家养成将做家务纳入日常生活的良好习惯。

　　如果享受做家务的人群多起来，世界上存在的很多问题也会变得更清楚明了吧。这样一想，我又兴奋起来了。真想让更多的人享受做家务的快乐。

你不是和灰尘在战斗

做家务的终极目标不是和灰尘作战，而是通过消灭灰尘来呈现房间的美丽。

自从意识到了这一点，我渐渐地感悟到做家务的真谛所在。

比起使用多么强效的研磨剂，我想更能让房间闪射出耀眼光芒的是你的"想象力"。房间能被收拾得多干净呢？一边想象着闪烁着明亮光晕的房间，一边埋头干活，手脚并用地把想象中房间的样子搬到现实中来，这样做家务也会更加喜悦、更加顺利。

原本做家务这件事情，便是通过我们的双手去创造美、实现美，这个过程蕴含着无上的喜悦。不管多脏的房间，都只是被隐藏了原本的美丽。还房间夺目的光彩，便是我们做家务的目的。

莫在烦恼中结束！

"哎呀，不收拾不行了，但真心不想动呀"……大多数情况下，我们是这样烦恼着、忧伤着做家务。什么都别想，先让手脚动起来吧。这样一来，多余的想法也就烟消云散了。实际上，无论是使吸尘器、用鸡毛掸，还是拿抹布清理地板，这些事情其实很简单，远远没有你所想的那么花时间。只要你行动，干净的房间立刻就能呈现在你的眼前。

在我们身边，几分钟几十秒里就能完成的事情在是太多了。另外，人们在做家务的过程中，往往更容易忘却烦恼集中注意力。我们不喜欢的只是想象着做家务的过程，而现实中做家务的过程往往是无比充实的。

新脏旧脏
一网打尽

　　托小孩子和猫咪的福，家里哪里脏了，因为早已养成马上打扫的习惯，所以脏得并不离谱。我渐渐觉得，日复一日跟在小孩子后面清理卫生，让我做家务的战斗力也提高了不少。

　　事实并不止于此。吃饭时被打翻的饭菜，画在墙壁上的涂鸦……像这样扎眼的污渍被清理干净后，比弄脏之前的样子更干净更明亮。这或许是因为新脏覆盖在旧脏的表面，和旧脏一起被清理掉了吧。自从发现了这一点，不管家里有多脏乱，我都能重燃"哟西，让我把你变得更干净吧！"的勇气和信心，一往直前昂首挺胸地做家务。

　　除此之外，清扫后的房间往往连续几小时都漂浮着清爽的气息，即使还有些许凌乱，也会让人意外地感到心平气和。

与孩子和宠物一起生活的家务秘籍

目录

**鼓足干劲
东太太家
家务总动员**

STEP 2

【 家务基本篇 】

工具方法简单化

把做家务当成一种娱乐方式

养成家务小习惯
让房间焕然一新

STEP 4

每天
即使只是轻轻擦拭，
房间
也会发光发亮哦！

鼓足干劲

东太太家家务总动员

这一章，我想给大家介绍一下如何将"不得不做"变为"我想做"的家务独门小习惯。

从让房间深呼吸开始

　　换气通风是做家务前的号角。清晨打开窗户，新鲜的空气扑面而来，心情也"嗖"地一下大好起来。与此同时，房间也通过深呼吸开始了美好的一天。

　　新鲜的空气能将沉淀的隔夜空气和灰尘一扫而空，所以，让我们一起打开所有的窗户，为过堂风打开一条绿色通道。

　　说到做家务，空气的对流至少能起到一半的作用。剩下的那一半便取决于主人公的干劲了。怎样提炼自己的干劲呢？这里介绍一个非常简单的方法。一只手拿着洗后拧干的抹布，在开窗通风前擦一遍窗户。只要你养成换气通风和擦窗户的好习惯，即便是做家务，自然而然地也能点燃十分的干劲和热情！

打开一条扫灰尘和隔夜空气的通道

清风帮我
做家务♡

一边擦窗户一边换气通风，干劲效率双提升！

"干劲"
键开启！

抓住美观要点　清爽即刻现身

如同时尚、化妆都有需要留心的地方，要想让房间美观起来也需要留心家务的要点。

比如水池的水龙头。使用过后，如果能将飞溅的水沫擦拭干净，水池的清理即使还有尚未完成的部分，整体来说也一定熠熠生辉，散发出动人的光泽。

厨房里的煤气炉若是放置在拐角处，如果能把煤气炉的表面和前面、侧面的墙壁都擦拭干净，那么3处的光芒相互辉应，明亮清爽感也随之翻倍。

还有，餐桌在房间里占地较大，如果优先清理掉餐桌上的东西，整个房间也会随之宽敞亮堂起来。

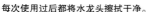
每次使用过后都将水龙头擦拭干净。

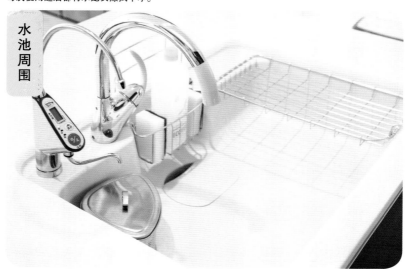

水池周围

煤气炉周围

每次使用过后都将煤气炉侧面、前面的墙壁擦拭干净。

餐桌上

吃饭时间之外不放置任何东西，永葆光鲜亮丽。

玄关处

平时把鞋子都放进鞋柜里。

穿衣镜

去除手印，从模糊不清到干净明亮。

洗漱台的地面

大致清理一遍猫毛和灰尘。

猫粮周边

在方便清扫的通风处放置猫粮，保持清洁卫生。

从最乱处开始清理是成功的一半

如果最后收拾游戏战场……

后果不堪设想哦

育儿期的家务时间能否保证是非常重要的难题。对午睡次数很多的婴幼儿来说，不管是在婴儿床上睡着，还是在父母的背上睡着，都不足为奇。为了不打扰孩子们午休，我们可以把发出隆隆噪音的吸尘器换成拖把，用旧衣服的破布头或厨房湿巾代替需要清洗的抹布。

孩子们每天早上只要一起身，就全身心投入玩耍中，在整个房间到处乱跑，随手打翻玩具箱。总之，应该事先收拾游戏场地（拿我们家来说是客厅），之后就任其玩耍打闹，同时收拾其他房间。

先把游戏场地
（客厅）打扫干净

哈哈，
快去玩吧！

哇

哇

再去收拾
其他地方

如果先把老大难解决掉⋯⋯

其他房间的清理也会顺利完成

早晨清理路线图

3分	10分	5分	5分	20分	3分
洗漱后清洗洗衣机和洗漱台	孩子起床前打扫客厅	孩子早餐时打扫主卧	孩子玩耍时收拾厨房	次卧——玄关 洗衣服时清理洗手间——	衣服洗好后收拾洗漱台的地板

➡ 让"收拾"和"打扫"分开进行

**收拾房间的
5 个要点**

不要随手乱放

在物归原位之前，下意识
地改掉随手乱放的坏习惯，
这样东西就不会到处都是。

左右开弓

左手打开碗柜，右手把碗筷放进去。
右手把叠好的衣物放进衣柜抽屉，左手
打开下一层抽屉做好准备。左右手同时
开弓，事半功倍哦。

　　做家务前，如果你有了先收拾一下房间再打扫的念头，那你可能永远都无法进行到打扫阶段了。自从有了孩子以后，我便清楚且绝望地感受到了这一点。所以，我们应该让收拾和打扫分开进行，在日常生活中顺手收拾掉手头物品，这样既能充裕家务时间，又能减轻生活压力。

　　和打扫不同的是，收拾房间无需工具。我们可以一边照顾孩子，一边做家务，一边在房间里转着圈，看到哪儿两手动到哪儿。等你回过神来，物品早已自动归位了。人们常说，收拾房间的秘诀在于搭建一个临时仓库，但归根结底，这个仓库还是需要事后收拾的。与其这样，倒不如当初顺手收拾来得方便省事。千万不要把这次的家务作业留到下一次。

3 有效移动

在房间中行走时顺手捡垃圾。
在卧室里脱掉的睡衣，顺手拿到洗漱台。
尽量做到不空手移动。

4 决定物品所处的位置

决定好所有物品的摆放位置是收拾房间的重中之重。
物品在进入家门的同时，收拾的大业便已开始。
生活中养成顺手收拾的好习惯，孩子和东西就不会丢。

"打扫"和"收
拾"分开进行
更顺心！

5 东西不扔也罢

与其在丢不丢这个问题上纠缠不
清，倒不如在做家务的过程中渐
渐对物品心生好感，这样清爽舒
适的生活也会随之到来。
究其原因，物品的使用寿命延长，
好感度增加，就没必要购置新物
品，房间也就不会脏乱了。

➡ 睡前重整　期待来日

　　当做家务变成一种习惯以后，就渐渐地无法割舍掉每日必做的家务活。如果早起后没有打扫一番，那一整天都是过不好的节奏。就像很崇拜每天晨跑的人一样，每天晨扫也会给人同样的感受吧。

　　清晨，若想在无人打扰的环境下大扫一场，就必须在前一天睡前做好收拾的工作。一旦养成了这种习惯，无论当天有多么疲惫不堪，如果没有收拾好房间再睡觉，总觉得内心难安（因为太累倒头就睡的情况也是有的）。

　　其实收拾的东西，充其量也只是熊孩子们一天下来折腾的玩具

乱七八糟

Before

（其他物品已经在一天的移动中收拾干净了）。收拾好过道散落的玩具，"今天总算平稳结束啦"长吁口气的同时，又能对第二天早晨的打扫充满期待。特别是周日晚上摆放好沙发上的靠垫和餐桌的朝向后，便可在清爽中开启新的一周。

　　不管房间有多乱，每天睡前收拾，日复一日，注意力和效率都提高了不少。平均 7 分钟即可把客厅搞定。

After

\ 焕然一新 /

Column 1

与孩子和宠物和谐相处的房间构造

[凌乱的只有玩具]

**孩子们的物品都集中在客厅
玩具放在孩子们够得着的地方**

孩子们还小，所以现在还没有自己的房间。因此就把孩子们的用品都放在位于中心的客厅里，玩具放到触手可及的柜子里，这样我们可以一边照顾孩子一边收拾打扫，其他家务做起来也会顺手很多。另外，收拾也不追求细致，仅仅是大体上的物归原位。

收拾玩具和日用品

上层

摆放着婴儿车、婴儿椅、婴儿床等如今已无用武之地，打算日后送人的大型儿童用品。

中层

摆放着孩子的衣服、尿不湿、毛巾等，还有厌倦不玩的玩具、穿不上的儿童服装。孩子的朋友们来家里玩时，如果有中意的就让他们带回家去。

下层

孩子们可以自由取用的一层。车、乐器等大型玩具和迷你车、过家家的小玩具，大致分一下类别摆放进去。

草草摆放后收拾起来更容易

栅栏门

为了让孩子不进入厨房、走下台阶而设。

小人书

把书脊的字朝外摆放，但不必细究排序。

毛绒玩具

把毛绒玩具的脸朝向外边，方便孩子选择。

积木

为了让孩子玩起来更方便，把按箱子装好的积木和其他小玩具分开摆放。

严防恶作剧

电视柜

像电视和数码影碟这种被恶作剧一下就无法继续使用的家电，使用上下开合式电视柜就可以轻松解决问题。和前开式马拉门不同，这种电视柜孩子们很难打开。

家务基本篇：

工具方法简单化

这一章，我想和大家分享如何用最少的工具和步骤实现最佳效果，并介绍做家务的基本方法。

工具越精简　家务越畅快

我家 3 大清理工具

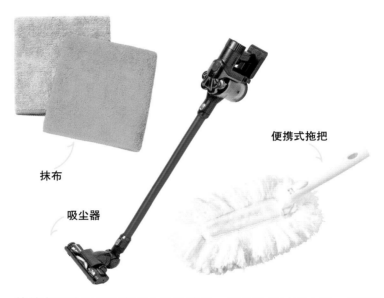

便携式拖把

抹布

吸尘器

　　简单实用的工具在市面上比比皆是，但是种类过于丰富，反而让做家务复杂起来。只要熟练使用抹布、便携式拖把、吸尘器这 3 大基本工具，就能迅速呈现舒适小家的面貌。

　　抹布使用简单，微纤维材料更是所向无敌。无论是打翻的饭菜还是手印污渍，只要浸点水便可不留痕迹地擦拭干净。

　　便携式拖把同样也是微纤维材料，所到之处猫毛不留。可洗材质更是经济适用，不增加垃圾负担。

　　我很喜欢用充电旋风吸尘器。自从有了这个，拖地也变得轻松简单起来。

3 种辅助工具

全场
5 元哦

迷你笤帚和迷你簸箕

海绵和钢丝球

平板拖把

　　另外，你可以使用以上 3 种随处可见的辅助工具，让你的家务生活更轻松愉快。

　　平板拖把不仅可以擦干地板上的水，如果换上干棉纱头改装成扫帚，还可以清扫点心碎屑和废纸，现已成为从家具下面扫出小玩具的大功臣。

　　迷你扫帚和迷你簸箕可以将平板拖把堆积起来的垃圾消灭干净，对猫砂盆周围沙粒的清扫也是必不可少的装备。海绵和钢丝球搭配抹布，专门对付处理不掉的顽抗分子。

旧的日用品变身清扫工具

抹布（破布头）

旧衣服

破毛巾

破了洞的袜子

破床单

在不增加新工具的前提下，把旧毛巾旧衣服等剪裁做成抹布。棉布质地固然最好，光滑的聚酯质地适用于刮除平底锅等锅具污渍，编织质地则适用于掸落纱窗上的尘土。

像牙刷、海绵这样每个月换一次的物件，用旧后还可以用于清理换气扇和下水道口。充分使用物品的剩余价值，我想这也是家务劳动的重要使命。

变身清洁工具

纱布和湿巾都可以用于擦拭物品，比如孩子们时常放进嘴里的玩具，出于卫生考虑用起来也方便。像棉签、竹签、作废的会员卡，都可以用于清理地板或瓷砖间隙。每次想扔什么东西，先问问自己，这能不能用于打扫卫生？这样每次绞尽脑汁的思考过程也是乐趣之一呢。

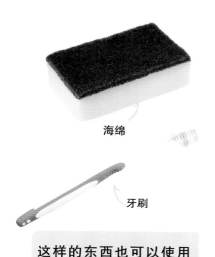

海绵

牙刷

这样的东西也可以使用

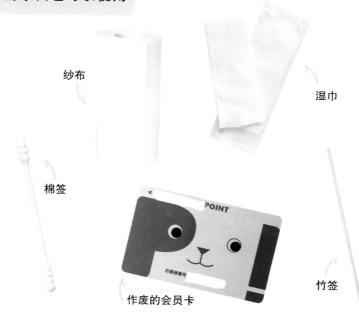

纱布

湿巾

棉签

作废的会员卡

竹签

打扫卫生的 6 类抹布
让房间和心情焕然一新

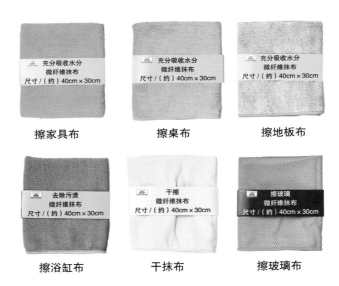

擦家具布　　　　擦桌布　　　　擦地板布

擦浴缸布　　　　干抹布　　　　擦玻璃布

　　为了让每天的例行打扫更高效，将除尘抹布按颜色、材质、清理对象分为 6 类。各类抹布每天准备 3 套（18 块），每天使用后清洗以便重复使用。或许会让你大吃一惊的是，清洗后的抹布和毛巾、手帕都放在同一个抽屉里。只要细心漂白、清洗，常洗常换，抹布也能保持干净卫生。

抹布的管理方法

用洗涤剂和迷你搓衣板手洗使用后的抹布。

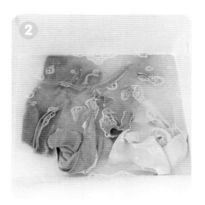

把手洗后的抹布用含氧漂白剂和热水浸泡（当日使用后的抹布，用沐浴后浴缸残余的水浸泡一晚）。

用洗衣机将浸泡后的抹布脱水甩干。不使用降低吸水性能的柔顺剂。

晾干后，将抹布折成小块立着放进抽屉里。

擦桌布、擦地板布、擦家具布每天都会派上用场，所以放在厨房的抹布架上。

➡ 家务用品放在随手可及处

吸尘器放在清理的起点处

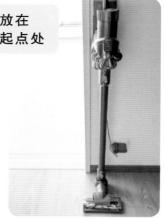

　　除抹布外的家务用品都放置在最常使用的地方，抑或最先开始清理的地方。这样，想用的时候随手可及，用完了也不用收拾，十分方便。对于易脏易乱的我家来说，可以随时打扫、随时收拾才是最重要的。

把无线吸尘器倚放在最里头的储藏室旁有电源插口的墙边。原则上应该从这一头拖地到另一头的玄关，但也有从小祖宗们玩耍的客厅火急火燎跳出来草草拖一遍的情况。

洗涤剂放在厨房

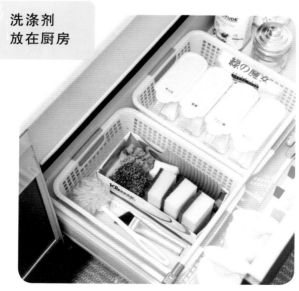

粉末小苏打、柠檬酸、漂白剂、消毒水、瓶装混合液（消毒水＋柠檬酸＋除菌除垢液）都放在方便取用的厨房水池下。

其他用品分门别类存放

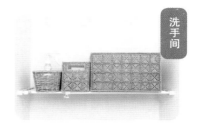

浴室

洗手间

把清理用品放在收纳箱里，不仅随取随用，看上去也很清爽。

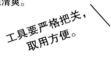

工具要严格把关，取用方便。

玻璃刷、抹布、浴室清理剂都放在毛巾架上，方便沐浴后顺手清理。

常用工具藏在最常出入的地方

墙壁

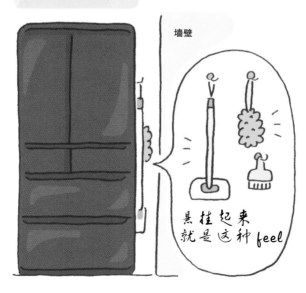

是挂起来就是这种 feel

像平板拖把、迷你扫帚＆迷你簸箕、便携式拖把这样经常用到的工具，我把它们都隐蔽地放在冰箱后的间隙中或悬挂在吸铁石挂钩上，随用随取，非常方便。

为了孩子和宠物
只使用水的生态家务

① 铭记节约用水

A 冲洗时将水关小，细水长流地冲洗抹布
B 用水桶盛水，二次使用
C 使用喷雾打湿抹布

　　我一直很崇拜方丈大师的自然家务法则，即用有限的工具和少量的水打造完美房间。虽然无法将这套法则做到极致，但我时刻铭记节约用水。为了孩子和猫，我一直都少量使用温和无刺激的洗涤剂。

　　主力自然是水，倘若仅仅用水无法去除，再加点植物精华洗洁精。遇到顽固的油污，再加点不含合成酶的小苏打、碳酸苏打水。若是水渍，再加点与食醋成分类似的柠檬酸；若是霉菌，再加点含氧漂白剂和除菌喷雾。

　　厨房类、洗手间类、窗户玻璃类、浴缸类、餐具类……市场上各类洗涤剂琳琅满目，但只需备齐以下6种洗涤剂便可高枕无忧。

POINT ② 使用温和型洗涤剂 [我最情有独钟的6种洗涤剂]

植物性
洗洁精

对抗仅仅用水无法去除的顽固污
渍的必备武器。既不刺激肌肤，
又不污染环境，极力推荐。

小苏打

误食无害的弱碱洗涤剂。通过中
和餐具、厨具油污中的酸性去污，
对毛绒玩具的清洗也有奇效哦。

碳酸苏打水

比小苏打碱性更强，去除黏稠油
污更有效。因为易溶于水，适用
于换气扇通风口、煤气灶炉架等
处，所以被称作厨房的秘密武器。

柠檬酸

稍微沾点水，用抹布浸些许柠檬
酸擦拭后，瞬间光彩照人。因为
没有刺激性气味，所以不分场合
随处可用。

含氧漂白剂

和含氯漂白剂不同的是，即使和
其他洗涤剂融合也不会产生有毒
气体，更能放心使用。可以除菌、
除臭、漂白、去霉、清理浴缸水
池等，用途广泛。

除菌喷雾

用于冰箱和宠物遗留物的清理。
植物性洗洁精，无害更放心。

按自上而下顺时针方向做家务

　　做家务的基本原则是从高到低。拖地前先清理家具和窗户，再从门口开始，自上而下（自左而右）地顺次清理一番。拿我家客厅来说，先从北侧的厨房门口开始（①－③），接着到东侧的窗户（④－⑤），再到南侧的窗户（⑥），最后是西侧的洗手间附近（⑦－⑪），以此为固定路线依次进行。

　　就像跳舞或锻炼一样，身体已经熟悉了做家务的顺序和动作，因此渐渐地变成每日的功课，就不会偷工减料抑或三天打渔两天晒网了。

从门口开始
清理吧

东
East

④ ⑤

每次餐后
清理餐桌，每次
使用吸尘器时
清理沙发。

南
South

⑥

窗户的清理按窗
架—玻璃—插栓
的顺序进行

西
West

⑦ ⑧ ⑩ ⑪

⑨

自上而下顺时
针方向进行

猫毛、灰尘、手印一网打尽

　　自上而下顺时针走一遍，猫毛、灰尘、手印基本上就清理了一遍。我左右手分别拿着两种抹布，后臀口袋里塞着便携式拖把，带着这3个工具基本上就能把房间收拾一遍。

　　按照自上而下、由内而外的顺序使用抹布和便携式拖把。比如清理电视机，就按照先清理背面的灰尘、再擦拭显示屏、最后擦电视柜的顺序进行。按照这样的顺序，1分钟内即可把电视机清理干净，10分钟即可收拾干净整个客厅。按照下一页图示的3个阶段，将整个房间的污垢一网打尽吧！

➡ 电视机清理流程

1 背面
（便携式拖把清理灰尘）

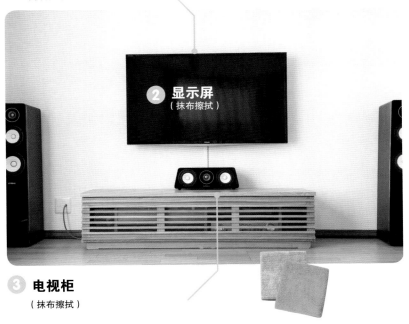

2 显示屏
（抹布擦拭）

3 电视柜
（抹布擦拭）

3 阶段 15 秒清理秘籍

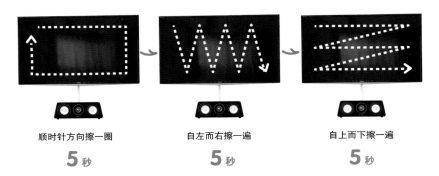

顺时针方向擦一圈
5秒

自左而右擦一遍
5秒

自上而下擦一遍
5秒

用一次性抹布对抗顽固污渍

抹布的
简便用法

用喷雾对着抹布喷两下，不用开水龙头，就可以打湿抹布。也可以用洗涤剂或除菌喷雾代替水。

东太太家的
日常画面

吃饭时打翻了汤碗，在地板上涂涂画画，猫咪随地乱吐……这都是我家天天上演的画面。每逢此时，我都默默地拿出抹布，浸湿拧干擦拭清洗，循环往复，既费时又费事。直到我想出了使用一次性抹布的好主意。

事先把抹布剪成手绢大小，用时对着喷雾稍稍打湿，就跟平常的抹布无异。用后直接作为可燃垃圾丢掉。

因为随时都可能用到，所以将一次性抹布和喷雾剂放在厨房的显眼处。它们在对抗厨房里的顽固污渍时经常大显身手。

像这样时刻准备着

喷雾剂

一次性抹布

把喷雾剂放在厨房的显眼位置，而一次性抹布则放在煤气炉下面的抽屉里。每次做饭后都能有效清除油渍。

➡ 用吸尘器优雅地打扫整个房间

不急不慢地
推动吸尘器

　　家有猫咪 4 只，一天最少要用一次吸尘器。先用平板拖把打扫
一遍，再用吸尘器清扫一番，便可将平板拖把清理不掉的猫毛打扫
干净。

　　自从用上无线吸尘器，在房间里打扫卫生更灵活了。在 20 分钟的
电池能量期里，即可用最快的速度、走最短的路径把房间打扫一遍。

　　在使用吸尘器时，缓慢优雅地前后推动更有效率。

使用吸尘器的最短路径

根据家具的位置，从房间入口开始，按照不重复同一条线路的原则 Z 字形移动。使用吸尘器的关键是不急不慍地走完最短的路程。

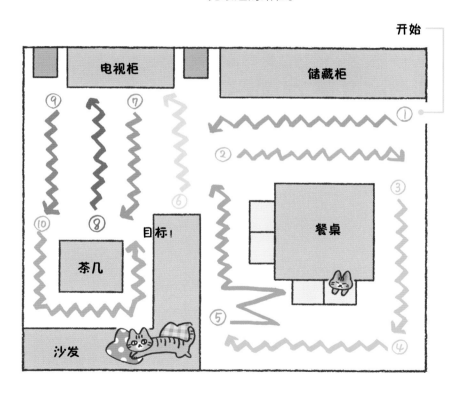

后退式擦地板 心情好极了

干净的领土
越来越多

哧哧哧

不湿裤腿

如果地面太脏，就在用吸尘器之前先用湿抹布擦一遍地板，地板干净了心情也会清爽起来。特别是在赤脚行走的夏季，擦地板更是每天必做的功课。

平日里将湿抹布装在平板拖把上拖地，在空闲时可以干脆直接跪在地上，用抹布哧哧地擦地板。近距离接触更能做到一尘不染。后退着擦拭地面，既不会弄湿膝盖，又能直观地感受到逐渐扩大的干净领土，心情好极了。

擦走廊倍儿爽！

边后退边擦走廊，
眼前的地板亮堂堂的。
夏日清晨擦走廊，人生一大乐事。

从玄关开始，
边擦边后退。

途中顺手把门底、
墙缘也擦干净。

到达终点！
地板一尘不染！

干抹布擦地后　眼前光泽闪动

工具 ▶ 干抹布 ✚ 湿抹布

　　用湿抹布除去污渍后，再用干抹布擦干水渍。大功告成后，地板释放出低调的光亮，让人震惊之余又有些感动，摸起来光滑舒服极了。在清理易脏的厨房地面时便深感干湿抹布的双重功效，这样夏日便可以赤脚在屋内快意行走。表面光滑的电器产品在用干湿抹布双重擦拭后，简直就像镜子一样，反射出房间的模样。

夏日赤脚行走的地面、易染油污的厨房地面，每天用干湿抹布擦拭一次即可焕然一新。

光芒四射
焕然一新

把冰箱门擦成一面白花花的镜子

湿抹布
擦去污渍

首先用湿抹布擦去
灰尘、手印、食品
污渍。

干抹布打磨出光泽

将表面残留的水渍用干抹布擦
干，并打磨出动人光泽。如果作
为厨房重要成员的冰箱都闪闪发
光了，狭小的厨房也会光彩照人
吧。

把残留的白色水渍消灭干净

工具 柠檬酸 .... ＞ Check

　　对于水边残留的白色污垢，只需用水和少量柠檬酸即可消灭干净。柠檬酸和水都属可挥发物质，因此无需二次清理。

　　在杂货店或家庭用品商店，柠檬酸和小苏打大多放在一起。除此之外，柠檬酸在洗衣服、洗餐具等方面都有奇效，因而被奉为至宝。在没有柠檬酸的时候，可以用食醋和水代替。

用途广泛！
手制柠檬酸喷雾

柠檬酸液

　　一瓶柠檬酸喷雾能用 1~2 个月。制作方法很简单，只需将 1~2 勺粉末状柠檬酸放入 500cc 的水中，摇晃均匀后即可使用，浓度亦可自由调整。需要注意的是，高浓度的柠檬酸液会使金属瓶褪色，因此要避免使用于金属物品。

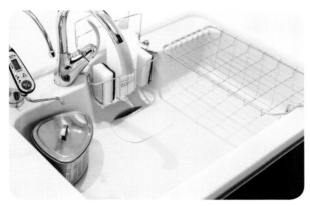

清理水池

用柠檬酸液喷洒整个水池，再用海绵搓洗。洗不掉的污渍用柠檬酸液打湿，再用湿巾敷在表面，不久污迹便会自行褪去。

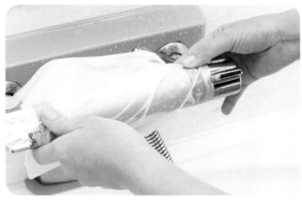

淋浴喷头周边

将浸了些许柠檬酸液的湿巾敷在表面，之后再用水冲洗干净。

常备装备
更加便利！

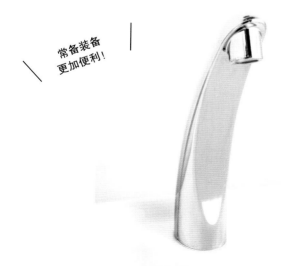

洗手间水池

在洗手间常备瓶装柠檬酸喷雾，这样无论是水池还是坐便器，清洗起来都非常方便。用喷雾将抹布打湿后擦拭污迹。

变油光锃亮为清爽光亮

工具 ▶ 柠檬酸 ╋ 碳酸苏打水 ─────── ＞Check

最近备受瞩目的自然系列洗涤剂——碳酸苏打水，不添加合成酶，成分与小苏打相似，碱性强度更大，更具去污功效。无论是厨具的清洗还是换气扇通风口和煤气灶炉架的清洗，碳酸苏打水都是必不可少的家务武器。

**针对油渍！
手制碳酸苏打水喷雾**

碳酸苏打溶于水，因而也可以贮存在喷雾瓶中。500cc 的水，配上 1~2 勺碳酸苏打粉。喷洒碳酸苏打水后会残留白色污渍，还需再喷一遍柠檬酸液，最后用抹布擦拭干净。厨房常备这两种喷雾，使用起来更加便利。

碳酸苏打水

变油光锃亮的煤气灶为清爽光亮！

同时使用碳酸苏打水和柠檬酸，
轻松去油污，
立现清爽光亮的煤气炉。

拆下炉架，喷洒碳酸
苏打水。
↓
油污分解！

用湿毛巾擦拭分解后
的污渍。

喷洒柠檬酸液。

↓
分解残留污渍！

最后再用湿抹布擦拭
一遍。

小苏打遮掩难闻的气味

工具 ▶ 小苏打

众所周知，小苏打号称万能洗涤剂。小苏打被广泛用于洗涤剂、研磨剂等领域，安全性高，除臭效果好，非常适用于厨房周边的清理。

如下页图示，用洗洁精清洗水池排水口、三角架，用含氧漂白剂对垃圾桶除臭杀菌，都证明了水 + 小苏打即可轻松除臭杀菌。

小苏打的 N 个使用方法

水中加入等量的小苏打，调成糨糊状，代替清洁剂。

小苏打：水 = 1 : 1

直接撒在油渍上，酸碱中和后油渍便会自然脱落。

将苏打粉放入容器，放进冰箱或鞋柜里充当除臭剂。

用水稀释后代替清理液。

把厨房油烟味的难题
交给小苏打

咖喱锅，烤鱼架……
清洗之前先用抹布大致擦一遍，再撒
上小苏打，最后用湿海绵擦拭。

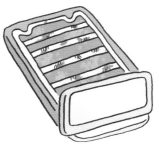

水池排水口 &
三角架
把三脚架中的垃圾倒掉后，
撒上小苏打，用浸过热水的
牙刷或湿海绵擦拭。

脏垃圾桶
先用浸了小苏打的湿抹布擦
一遍，再用湿毛巾擦一遍，
最后晾干。

小苏打让毛绒玩具、宠物用品安全舒心

工具 ▶ 小苏打 ✚ 抹布（2 块）

小苏打误食无害、安心可靠，因而被用于清洗孩子们的毛绒玩具和猫咪用品。

猫咪在房间踱来踱去也好，和孩子们零距离接触也罢，只要用小苏打和抹布就可以轻松去除安全隐患。用下面这种方法，即刻便可准备好清理工具。

即刻准备
浸有小苏打的抹布 & 干抹布

将其中一块拧干（最后阶段使用）

将浸有小苏打的一块
也拧干（清洗阶段使用）

将两块抹布稍稍打湿

另一块撒上小苏打

適用小苏打
清理的物品

无法整体清洗的木
质玩具

大型玩具车

磨爪板

猫屎盆

一块抹布即可解决孩子的漏饭难题

工具 抹布（擦桌子 ✚ 擦地板）

　　早餐、午餐、下午茶、晚餐，每天都有 4 次面对满桌杯盘狼藉的情况。在经历了无数次清理饭桌后，我终于得出了下页图示的高效清理方法。

　　每次只需 3 分钟左右即可脱胎换骨焕然一新。从此，我再也不用担心熊孩子打翻盘子了。

**抹布的
折叠方法**

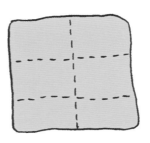

**将抹布纵向对折后，
再横向三等分对折。**

高效清理技巧 关键在于将抹布
六等分对折。

用抹布将垃圾聚拢。

聚拢后展开上层抹布。

用展开的抹布包住垃圾。

再用干净的一面边清理边聚拢。

再展开上层抹布,向下对折。

再次聚拢后包住。

最后用干净的一面擦拭一遍桌子。

综上,一块抹布可以用3次,通常
一次3分钟即可清理干净桌子啦。

涂鸦神马的都是浮云

为了满足孩子们想画画的心理，我很早就给他们备好了画纸和彩笔。然而我发现，孩子们的作品不仅出现在画纸上，房间里也随处可见孩子们的神作品。因祸得福，我现在已成为涂鸦清理专家。

先用湿抹布把能擦掉的部分擦干净。沿着彩色铅笔、蜡笔、圆珠笔的痕迹用力擦拭，基本上就可以擦拭干净了。还是擦不掉的情况下，就根据具体污渍具体对待。

关键在于用力描摹涂鸦线条！

用抹布用力描摹涂鸦线条。

彩色铅笔、圆珠笔勾勒的涂鸦
出现了⋯⋯

① 湿抹布擦不掉怎么办

用打湿的树脂海绵轻轻揉搓，但不可用于易留划痕的家具和地板。

② 凹凸不平怎么办

用浸过小苏打的牙刷反复清洗后，再用抹布擦拭干净。

③ 易留痕迹的地方怎么办

用浸过餐具洗涤剂的抹布擦拭。

④ 遇到油性笔怎么办

用棉签擦拭一遍后，再用浸过小苏打的牙刷清洗一番，最后用抹布擦干净。

麻利地揭下封条和商标

做家务久了，除了污渍以外又出现了新目标，比方说收纳箱上醒目的商标、家用电器侧面的说明。每次清洗时都会觉得很碍事，又有碍观瞻，于是深感清除封条和商标的必要性。这着实是件有趣的事情。也有进展不顺的时候，但"嗖"地一声揭除的瞬间，快感与成就感也是无可比拟的。现在这已成为我和孩子们共同的游戏。

家里的封条和商标基本上都被我们揭完了，现在只剩下调料瓶和啤酒瓶上还残存着几个零星目标。这对垃圾分类也是一大贡献，每次扔空瓶垃圾的时候，心中总是雀跃的。

**关键在于
使用电吹风！**

用电吹风融化粘胶，当心烫手。

从一头慢慢地一点点地揭开。

电吹风以外的其他方法

CASE 1 完全浸泡

放入水中浸泡一会儿。这是最常见的办法。

CASE 2 只浸湿表面

涂抹些许餐具洗洁精，再用纸巾覆盖片刻，一段时间以后揭开。

CASE 3 快速揭除

用纸巾覆盖表面，对着目标喷些许柠檬酸液，待完全浸透后揭开。

CASE 4 清理顽固分子

若还残留顽固分子，则用碳酸苏打水喷雾剂清理后，再用海绵擦拭干净。

消灭顽固污渍、气味请用含氧漂白剂

　　自从小祖宗们出生，我们家就彻底告别了含氯漂白剂，进入了含氧漂白剂的新时代。含氧漂白剂和其他洗涤剂混用不会生成有毒气体，短时间内少量使用的情况下无需佩戴橡胶手套，非常省事，彩色衣服的漂白也无需担心，已然成为了沾上饭菜的童装和溅上泥巴的童鞋的必备清洗武器。除此之外，高超的杀菌除臭能力让其在洗浴用品的除菌、清洗上大显身手，专用清洁剂再无用武之地。我经常大袋大袋地购买含氧漂白剂，然后分成浴室、厨房、洗衣 3 份，分开使用。

**一分为三
有备无患**

清理浴室

清洗衣物

清理厨房

猫砂盆的清理

用含氧漂白剂清理猫砂盆，污渍、气味都消失得无影无踪。

在瓦楞纸外套层塑料袋，倒入猫砂，作为临时猫砂盆（之后将猫砂连塑料袋一起扔掉）。

把猫砂盆和盆盖一起放在浴缸里，倒入一杯含氧漂白剂，浸泡1小时左右。

倒掉漂白液，倒入些许洗涤剂，用旧海绵反复搓洗。

用水反复冲洗，取湿抹布擦拭干净后，再倒入新的猫砂。

与孩子和宠物和谐相处的房间构造

[隐藏贵重物品]

贵重物品置之高阁

　　客厅里并不只有毛绒玩具，书籍、药品、文具、电子器材等贵重物品都要藏在孩子们够不到的地方。另外，鉴于猫咪无处不在，因此，收纳的关键在于双层收纳。只要储藏柜的抽屉、储物盒都关紧了，食品和猫粮也就高枕无忧了。

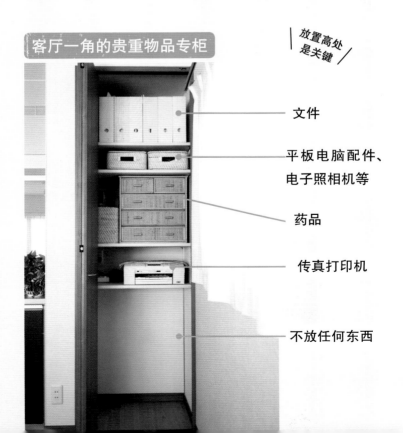

客厅一角的贵重物品专柜

放置高处是关键

— 文件

— 平板电脑配件、电子照相机等

— 药品

— 传真打印机

— 不放任何东西

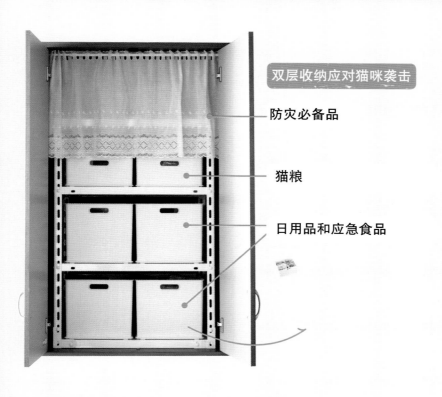

双层收纳应对猫咪袭击

防灾必备品

猫粮

日用品和应急食品

准备一个有盖的垃圾箱

45 L 家庭垃圾箱

为了不再打翻垃圾箱，只在厨房放一个有盖的大垃圾箱，而不是分置于房间各处。垃圾箱的数目减少了，边走边收拾垃圾的习惯养成了，丢垃圾时也就没有整合垃圾的必要了。

藏好电线

家电用品的电线暴露在外时，常遭遇猫咪咬一下、孩子扯一下的情况。在家庭用品商店买一条包芯线将电线隐藏起来，外观上也清清爽爽。

STEP

3

家务实用篇

把做家务当成一种娱乐方式

第三章是关于清理隐性污垢的家务实用篇。这并非难事，让我们像带着攻略打游戏一样快乐地做家务吧。

➡ 限时更高效！

闲暇之时不禁想，多久能把 XXX 打扫干净呢？只要用闹钟给自己设一个时间段，做家务分分钟变身小游戏。这么做的目的并不在于提速，而在于做到极致。渐渐地，限时扫地变成了集中注意力的家务特训。

每次只使用一种工具，但凡 5 分钟内可以完成的地方都可以。哪怕只有 10 秒，只要尽心尽力地做一场，效果也会截然不同。

**3 分钟内
擦拭椅子**

把表面的浮灰擦去，用心
擦出动人光泽

定时闹钟

\ START /

03:00

1 分钟内清理装饰架

连同装饰品一起清理干净

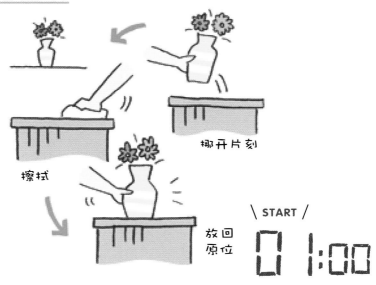

擦拭

挪开片刻

放回原位

\ START /

01:00

10 秒内掸去空调浮灰

只要明确目标，即使是难以清理的地方也能进展神速。

\ START /

00:10

秘籍：超级抹布 12 面使用干货篇

平时我们使用抹布，一块抹布正反两面只能用两次；即使对折，正反 4 面也只能用 4 次。但按照下图图❶的折法，一块抹布折 6 次便有 12 次使用机会。这样一来，清洗面积大大增加，也省去了不少清洗抹布的时间。

抹布的折叠方法是纵向对折，再横向三等分折叠即可。最后折好的抹布跟手掌差不多大，一只手拿着抹布就有了一种擦遍天下无敌手的快感。

单手拿着抹布，先用底下的一面，擦脏一面后再翻过来继续擦，擦脏后将这两面对折，露出干净的一面继续使用。（图 2-7）

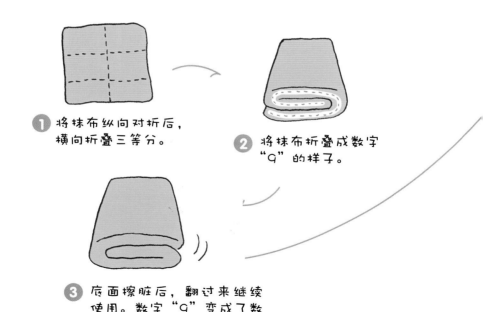

❶ 将抹布纵向对折后，横向折叠三等分。

❷ 将抹布折叠成数字"9"的样子。

❸ 底面擦脏后，翻过来继续使用。数字"9"变成了数字"6"。

④ 两面都擦脏后，将抹布的上面翻下，垫于底部。

⑤ 形成数字"2"后，用干净的上下表面继续擦拭。

⑥ 两面都擦脏后，将右下角掀起，下翻垫于底部。

⑦ 再现数字"6"，继续使用干净的上下表面。

⑧ 一面抹布使用完毕后，反过来依次折叠后重复以上几步。超级抹布12面使用完毕！

这样，抹布就以数字9-6-2-2-6-9的形态陆续呈现。用这样的顺序，将一面抹布擦拭完毕后，反过来折叠后重复这个顺序继续使用。

和季节、气候做朋友

水池周围　窗帘等大件物品、垃圾桶等物件的自然风干。

洗窗帘

洗垃圾桶后风干

　　做家务经常被季节和气候所左右。我们要跟上自然的节奏，实现"天天都是做家务的良辰吉日"这一大逆转。

　　例如炎炎夏日，我们就可以把垃圾桶、马桶刷清洗后拿到太阳底下晒一晒，既能自然晾干，又可杀菌消毒。又如窗帘、沙发套等大件物品，几乎都是晾一晾就干了，极大减少了烘干时间。

雨后翌日

擦外窗，
污垢晕开易落。

干燥季节

玄关、阳台等处，尘
土干燥易落。

结露季节

擦内窗，
利用露水直接擦拭，
结露和灰尘都不见了，一举两得！

雨季家务重整日

清洗隐性物件

把容易积灰的地方细心地擦拭一遍。

门把手

插座盖

窗户插销

　　在无法开窗的阴雨天，与其用吸尘器等工具打扫整间屋子，倒不如通过清理隐性污垢重整心情，比如家中的门把、插座盖、窗户插销等。找到平日忽视的地方集中清理，既省事又省时。

　　另外，厨房、洗手间、浴室的换气扇不受气候影响，雨天正是将其好好清理一番的绝好机会。在冗长沉闷的梅雨季节，边整理书架、抽屉边擦擦灰尘，既可以防潮防湿，又能把书摆放整齐。梅雨季节真是收拾房间的绝佳时期。

用心清洗换气扇

厨房

拆下过滤口，用碳酸苏打水除去油污。

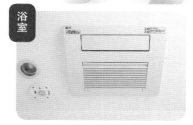

浴室

洗手间

拆下插座盖，除尘除霉。

断电后由外而内擦个干净。

边整理边擦拭

把东西全部取出后，用干抹布擦拭灰尘。

再将临时转移的东西搬回去。

➡ 做一名清晨 & 深夜静静打扫的美女

清倒垃圾

这些工具很不错哟

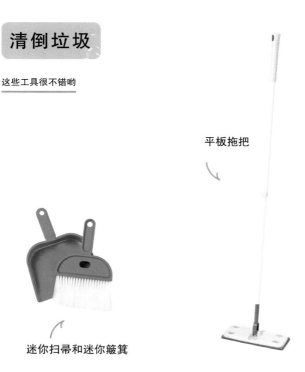

平板拖把

迷你扫帚和迷你簸箕

　　孩子刚出生那会儿，无噪音不起尘的拖地功臣当属平板拖把和迷你笤帚、迷你簸箕。把抹布装在平板拖把上，将垃圾聚拢于一处，再用迷你扫帚、迷你簸箕清理干净。现如今，即使在孩子们熟睡之时，我也能花个两三分钟静静地将地板打扫干净。

　　孩子们尚年幼，清晨或深夜独自打扫的家务时间就显得格外珍贵。清洗、擦拭，安静的时候完成的家务活出奇的多。独自安静地打扫卫生，这段时光竟意外地可贵。

静谧时分的家务清单

1　把热水倒进水桶，加入含氧漂白剂，漂白砧板和抹布。

2　用纱布缠绕在水龙头管，喷些许柠檬酸喷雾，30 分钟后取下纱布并擦净水垢。

3　用浸有除菌喷雾的海绵和干净的抹布擦拭冰箱里的污垢。

4　糊底的锅里盛满水，溶入小苏打，加热至沸腾后关火,浸泡 1 小时即可(不可用于铝、铜制品)。

5　用缠着抹布的竹签或棉棒擦拭家用电器底部、内部缝隙间的灰尘。

6　喷些许碳酸苏打水和柠檬酸于门及其把手上，并用干湿抹布擦拭手印、污垢。

7　把梳子里的毛发、灰尘用棉棒清理干净后，放入苏打水中加以浸泡，取出冲洗后晾干。

8　用纸巾或干抹布擦拭油性化妆品污渍。

9　用溶有含氧漂白剂的热水浸泡沾有菜汤的童装或围裙。

10　用旧牙刷和干抹布清理吸尘器。

11　打开雨伞，用湿海绵擦拭污渍后用抹布擦干。

➡ 家务减肥干货篇

作为一个不擅运动的人，我平日里非常讨厌运动。托经常做家务的福，基本上也算定期锻炼啦。

生过孩子后越发感到瘦不下来，我想，能不能将做家务和减肥结合起来呢？于是我便下意识地在打扫卫生时伸伸胳膊动动腿，没想到效果显著。

比如，在用平板拖把拖地时，腹部和臀部用力收缩；擦窗户时有意识地大幅度挥动胳膊；每次清理走廊时想着绷紧肌肉。用这种简单有效的方法，一个月可以瘦 6 斤哦。

擦窗户

擦窗户时绷紧
胳膊！

胳膊伸直，整体
移动。

打扫高处

踮着脚尖，
小腿肚用力。

整理厨房时瘦
瘦腰！

厨房

碗柜

打扫高处时瘦
瘦腿！

张开双腿，扭
动腰部，边洗
碗边收拾碗柜。

旧厨具变废为宝干货篇

工具

小块树脂海绵

小块尼龙海绵

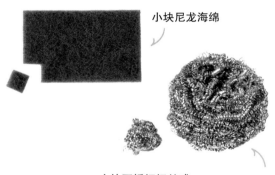

小块不锈钢钢丝球

　　家里的家具也好，装饰品也罢，都是在大甩卖时买下或是从二手店里淘的。东西大都上了年纪且破旧不堪，但淘到手时的喜悦反而愈加清晰，就愈发舍不得扔掉了。就连不值钱的小东西，也在买下的那一刻变得价值连城。

　　用旧的水壶、锅具等金属厨具，清理后闪烁着钻石般的光芒。根据壶底和锅底焦煳程度，将树脂海绵、尼龙海绵、不锈钢钢丝球剪成方便使用的形状，手指用力搓洗干净。小块使用，方便又节约哦。

使用方法

坚硬 ←————————————————→ 柔软

不锈钢钢丝球

虽然会留下淡淡的痕迹，但却是清洗严重焦煳厨具的最佳选择。

尼龙海绵

轻松去除厨具的焦煳和污渍。

树脂海绵

像橡皮擦一样轻轻一擦，微焦、烧痕便纷纷落下。

清洗旧水壶

用力按压大拇指，揉搓手指下端的钢丝球。

焦煳和污渍都不见了，焕然一新！

这是 10 年前花 60 块钱买的水壶，现在还在岗位上辛勤工作着。烧开水、浇花都离不开它。

缝隙清理大智慧

虽然知道市面上有些工具很便宜，用来也方便，但我依旧对旧物改造活动情有独钟。

有一次，我试着把树脂海绵做成棉签状，不管多么狭窄的缝隙都能轻松清理干净，成就感油然而生，心中源源不断地涌现出旧物改造的激情。即使用起来不那么方便也没有关系，说到底，减少工具、增添创意不正是快乐做家务的真谛吗？

IDEA ① **作废的会员卡 + 纱布**
清理缝隙

轻松解决细缝间的垃圾清理！

用纱布包住弯折微曲的塑料薄卡片，即可轻松清理家具、拉门缝隙处的灰尘。

IDEA 2 竹签 + 抹布
清理窗框

选取结实适用的竹签，卷上抹布，轻松擦净窗框灰尘。

灰尘都不见啦！

IDEA 3 棉签 + 苏打水
清理砖缝

用苏打水溶解污渍

将等量小苏打溶于适量的水中，配制成苏打水。用浸有苏打水的棉签沿砖缝涂抹，待污渍溶解后再用湿抹布擦拭干净。

➡ 对抗实力派污渍的浸泡秘诀

摩擦摩擦，似魔鬼的步伐。无须使用强力洗涤剂用力摩擦，只需用正确的清洗液浸泡一段时间，顽抗污渍便会缴械投降。水温越高，污渍溶解的效果越好，所以尽量使用 60 度左右的热水。厨房周边可以使用自来水，不讲究的情况下，水壶、浴缸中没用掉的温水也是极好的，只是时间长了容易滋生细菌，所以尽量只用当日的余水。

IDEA ① 煤气灶炉架、换气扇通风口
清理焦斑、油污

热水 + 碳酸苏打水

在盛满水的桶中加入 2~3 勺小苏打，浸泡 20 分钟以上。

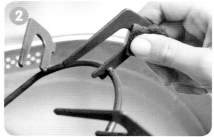

待焦斑溶解后，用尼龙海绵擦拭干净（肌肤敏感者请佩戴橡胶手套）。

IDEA
②

垃圾桶、马桶刷
除菌除臭
热水 + 含氧漂白剂

向垃圾桶倒入适量含氧漂白剂（45 升水：1 杯漂白粉），用热水溶解后浸泡 30 分钟以上，冲洗后自然晾干。

将塑料袋套于盆内，倒入 1/2 杯含氧漂白粉，溶解后将马桶刷及刷盒放入，浸泡 30 分钟以上再洗净晾干。

IDEA
③

水杯、水壶内侧清理水垢
热水 + 柠檬酸

注入热水至杯缘、壶嘴处，溶入 1~2 勺柠檬酸，浸泡一晚后冲洗干净。

消灭猫咪毛球的湿敷妙计

　　家有猫咪后，在家具下面等阴暗处，猫咪吐出的毛球凝固成块，随处可见。对此我采用和浸泡法相似的方法，先用纱布盖在毛球上，喷些除菌喷雾后放置 10 分钟，之后直接擦拭干净，连猫味儿都无影无踪了。除地板外，家具、门窗、家用电器等无法浸泡的大物件都可以使用湿敷清理法。

IDEA

清理微波炉的油斑

用涂有大量洗洁精的海绵擦拭微波炉各面，出现大量白色泡沫后自上而下用纱布盖住。

湿敷 10 分钟以上，揭开吸收了大量泡沫和油污的纱布，接着用树脂海绵用力擦拭，再用湿抹布清洗晾干 (未能一次性解决的情况下可重复几次)。

清理浴室镜锈斑

将柠檬酸溶于水，浸入纱布（或抹布）。

将浸泡后的抹布贴于镜面上。

为了防止柠檬酸挥发，用保鲜膜自上而下将镜面封住。

一小时后揭开，用干抹布擦拭干净。

➡ 全部取出・整体擦拭・全部归位

　　每日的常规家务仅仅停留在清扫灰尘垃圾、擦拭手印油渍的皮毛上。每次想好好清理一下抽屉和柜子的时候，却总抽不出空来。因此，在独自早起或孩子们集体午睡的日子里，我总会对家里的箱箱柜柜进行整体而全面的大清理。每次限时一小时，针对一个房间的箱箱柜柜进行连续的清理，密集劳动后的舒畅感也一定非比寻常吧。

POINT

全部取出
把壁橱、碗柜、抽屉中的物件
一一取出，清空箱箱柜柜。

POINT

整体擦拭
用干抹布擦拭一遍灰尘。污垢过多的情况下，
按干抹布−湿抹布−干抹布的流程擦拭 3 遍。时
间允许的情况下，将物件也擦一擦。

POINT

全部归位
物归原位。将不会用、不能用
的物件直接扔掉。

清理洗漱台的整体流程

想要摆放着化妆品、生活用品的洗漱台始终一尘不染，就要时常清理并检查在库情况。

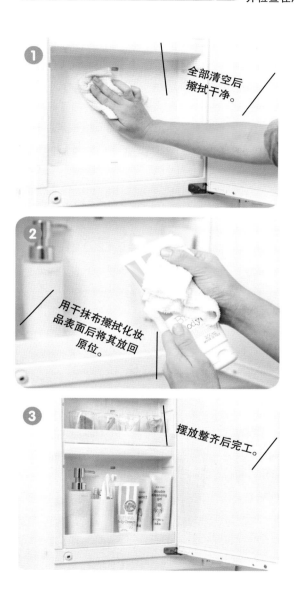

❶ 全部清空后擦拭干净。

❷ 用干抹布擦拭化妆品表面后将其放回原位。

❸ 摆放整齐后完工。

偶尔翻个底朝天瞧瞧看

　　孩子们常常坐在茶几前玩耍、吃点心，茶几很容易被弄脏，所以每天都会清理。突然有一天，我将茶几翻了过来。天哪！怎么会这样？！油乎乎的手印、橘汁、涂鸦到处都是，我终于明白了防不胜防的道理。

　　从此以后，我便养成了家具、家电都翻过来瞧瞧的好习惯。将新发现的污渍一鼓作气清除干净，竟莫名地有种降魔成功的成就感。

翻茶几
换个角度，
污垢毕现。

内槽里都是孩子们油油的手印。拆掉顶部的玻璃后将茶几翻倒过来。

擦去底部厚厚的灰尘。在不损伤地板的前提下轻轻擦拭。

将顶部的玻璃重新装好后擦拭干净。

翻微波炉

① 拔掉电源线后，向后翻转 180 度露出背部。

背部出现大量灰尘和污渍。

③ 再次后翻 90 度露出底部，更多的灰尘、菜汁出现了。

翻炊具

食品粉碎机

常有食品离心飞出的现象，因此要自外而内仔细擦拭干净。

电饭锅

把电饭锅内侧沟槽的积灰擦拭干净。

庞然大物也要偶尔动一动

　　我家的洗衣机是直筒型的，我一个人竟然能搬得动。因为孩子们的鞋子经常掉进去、防水板脏了这些琐事，我也自然而然地掌握了两手抓紧、腰部用力的大件物品移动要领。自从习惯搬移这些庞然大物，拖地抬起沙发时都觉得跟抬起椅子一样轻松。当然，勉强自己去挪动反而会伤物伤己，建议找个苦力来帮忙。

搬冰箱

只要不是太老款的冰箱，就都能搬得动。
找到冰箱底部前端的滚轮，调松螺丝钉，
将底部向前抽出。

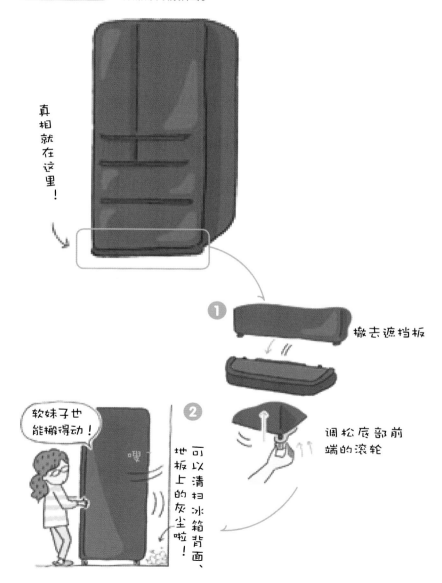

真相就在这里！

❶ 撤去遮挡板

❷ 调松底部前端的滚轮

软妹子也能搬得动！

嘿

可以清扫冰箱背面、地板上的灰尘啦！

清洗玩具

清洗积木 中间有洞的积木因构造而无法蒸发水分，因此需要单独清洗并擦拭干净。

　　孩子们的玩具脏得特别快。玩具在保证清洁的同时，又要考虑到卫生等诸多问题，可以说是最难清洗的物件了。在 P60 已经为大家介绍过如何用小苏打清洗玩具，这里跟大家分享一下如何整件高效地清洗玩具。

将所有积木放入积木盒中，撒入小苏打，倒入热水。

盖上盒盖，摇晃均匀，将水滤出。

再倒入，再滤出，重复 2~3 次后，放水冲洗干净。

倒出并摊开放在凉席上，很快就晾干了。

清洗毛绒玩具 盛夏极力推荐!

洗脸池中盛满水，加入洗衣液后放入毛绒玩具，浸泡片刻。

轻轻搓洗。

换水冲洗干净后，挤干水分。

边自上而下轻轻按压，边按边用毛巾把水擦干。

用梳子轻轻梳理毛发。

用衣架夹住晾干。小件的毛绒玩具可直接放在洗衣袋里甩干。

与孩子和宠物和谐共处的房间构造

[根据孩子和宠物的特性　选择合适的家具器材]

面向宠物　兼顾孩子

　　家里的家具器材都是花了很多钱购置的。当初虽然犹豫了好久，但考虑到有孩子后的种种，还是痛下血本做出了正确的选择，如特制墙壁、宠物用的拉窗等牢固又耐脏的设计。这样不管小祖宗们怎么闹，都能淡然处之。

拉窗纸

看上去与普通的白纸无异，却是由塑料材质制成，坚固又耐脏。

壁纸

表面光滑，防抓防脏防水。

长远地看，赚了！

低风险装潢

预想到会有被替换的一天，特地选用了一批适用、可替换的家具器材。

窗帘

窗帘用的是大牌子的经典款，即使被拉裂扯坏也可以立刻换上相同造型的。

纹路越细越不容易被抓破

沙发

以前家里的沙发是皮革材质的，被猫咪抓得惨不忍睹后换成了布沙发，即使被抓破也能立刻换上新的沙发套，风险和成本都大大降低。

厨房门垫

地垫地毯

地毯容易吸附猫毛，又不便于清理，所以家中一概不放地毯地垫，只在厨房门口留下一块门垫。门垫选用可洗材质，即使破了旧了也能随时替换。

养成家务小习惯

让房间焕然一新

最后一章里，我想告诉大家，如何养成各种场合的家务习惯，如何设计出轻松的家务流程，如何重复操作小家务等等。让我们一起让房间充满光芒！

确定清扫流程

每日的清扫流程

为了在最短时间内把房间清扫干净，每日最好重复相同的清扫流程。只要走一遍流程，就能把积攒了一天的灰尘清扫干净啦！

确定清扫流程并非难事。边开窗通风边擦拭玻璃，用吸尘器从房间的一头清扫到玄关，这便是一个最短流程了。在此基础上再加上洗漱台、洗手间、厨房、浴室这四处早晚各一次的清扫即可。

清晨
Morning

洗脸后擦一遍洗漱台

拿着抹布或吸尘器，在房间边移动边清理

洗好衣服后拖一遍洗漱台的地面

清扫洗手间

深夜
Night

晚饭后清理厨房

沐浴前后清扫浴室

睡前整理玩具

每周 1 次小扫除
每月 1 次大扫除

以日为计量单位的清扫往往只能停留在表面，像家具内侧、箱柜内侧、家电的保养等等，都需要根据污垢的程度进行每周 1 次或每月 1 次的深层清扫。这时，如果有一个固定的清扫流程就会简单许多。但是我发现，在以孩子为主的日常生活里，以灵活的处理方式取代严密的计划表，清扫起来反而更顺心。在每周开头的几天着力清扫厨房周边，待到周末的空闲时间就可以进行每月一次的大扫除了。

每周 1 次小扫除

- 清理冰箱
- 清理微波炉
- 清理厨房橱柜

每月 1 次大扫除

- 清理煤气灶、换气扇
- 清洗洗衣机、洗衣桶
- 清洗浴缸
- 清除其他隐性污垢

厨房　频繁出入·频繁清扫·保持清洁

每日1次

- 水池
- 烹饪台
- 煤气炉表面
- 电饭锅

每周1次

- 冰箱
- 微波炉
- 储藏柜表

不定期	每月 1 次
·洗碗机 ·储藏柜里面	·换气扇 ·煤气灶炉架

每日

\ Kitchen /

水池

每日晚餐饭后清理

用浸有洗洁精的海绵清洗三角架、排水口及水池表面。

冲洗干净。

用抹布擦干。

充分干燥

将海绵和洗洁精放在窗边干燥一晚。

\ Kitchen /

排气扇 & 煤气炉

每月 1 次，20 分钟

将排气扇过滤口和煤气灶炉架拆下，放在溶有 2~3 勺苏打粉的热水里浸泡。

在浸泡的同时，用涂有洗洁精的旧海绵擦拭换气扇。

擦拭后放置片刻，与此同时清洗过滤口和炉架并擦拭干净。

用湿抹布擦拭换气扇并将拆去的零部件归于原位。

* 此处省略排气扇的清洗方法

\ Kitchen /

厨房家电

每周
1次

冰箱

每周食材大采购前，都要对冰箱进行整体的清理。先用除菌喷雾和湿抹布擦拭一遍内部，再用干湿抹布将门擦拭干净。记得还有容易留下手印的侧面哦。

每周
1次

微波炉

每周擦拭1次，攻克顽固污渍！

在清理冰箱之余，顺手擦一擦微波炉，即可除臭除污。

每周
1次

储藏柜表面

清洁过冰箱和微波炉后，用苏打水和柠檬酸将储藏柜表面的手印和油渍擦拭干净。记得重点擦拭开关柜门的把手哦。

每日
1次

电饭锅

将电饭锅的内锅、内盖、排气口及锅体表面清洗并擦拭干净，让电饭锅表面如米粒般光洁动人。

不定期

洗碗机

倒入 4~5 勺柠檬酸后，空洗一次以去除水垢。拆下零部件手洗后装回原处，最后喷些柠檬酸喷雾并用抹布擦拭干净。

[洗手间] 3 件工具自上而下·3 分钟清爽动人

（毛巾架和卷纸架）

（内侧）

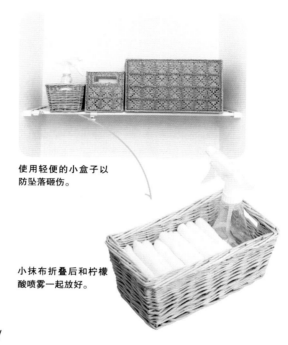

工具只有3件

每日的清扫工具是抹布、柠檬酸喷雾、马桶刷。抹布和柠檬酸喷雾一起放在支架上的小盒子里。

使用轻便的小盒子以防坠落砸伤。

小抹布折叠后和柠檬酸喷雾一起放好。

\ Toilet /

东太太家的清理流程

用浸有柠檬酸的湿抹布，按1–7的顺序依次擦拭。手绢大小的小抹布对折后，表里共4面，可使用4次。

首先，用对折后的一面擦拭1–4，再用背面擦拭5（马桶内侧），翻过来对折后再分别擦拭6和7。

具体的擦拭方法请听下回分解。

\ Toilet /

洗手间的清理流程

自上而下，按照桶盖、毛巾架、卷纸架的顺序依次擦拭干净。

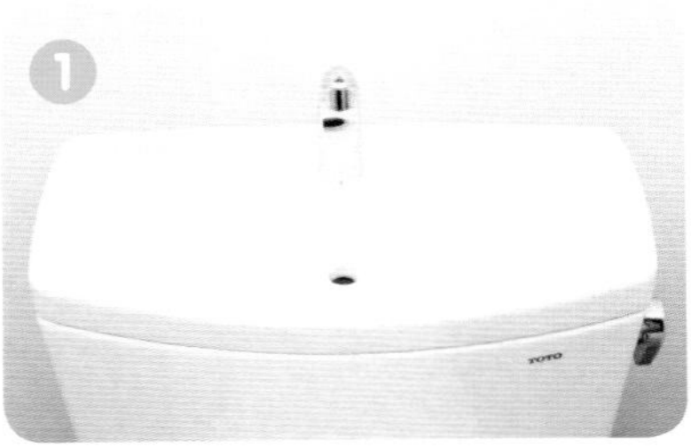

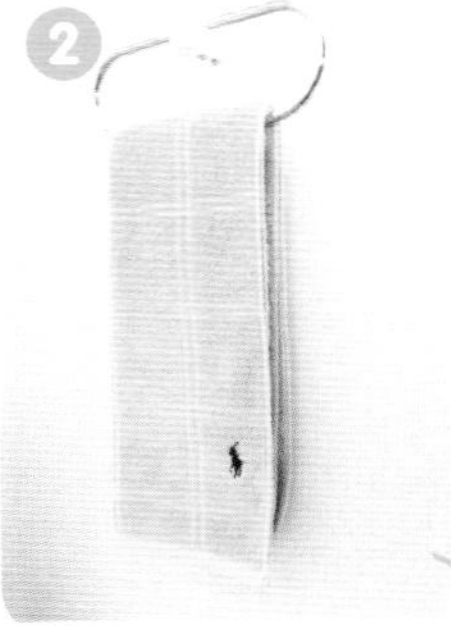

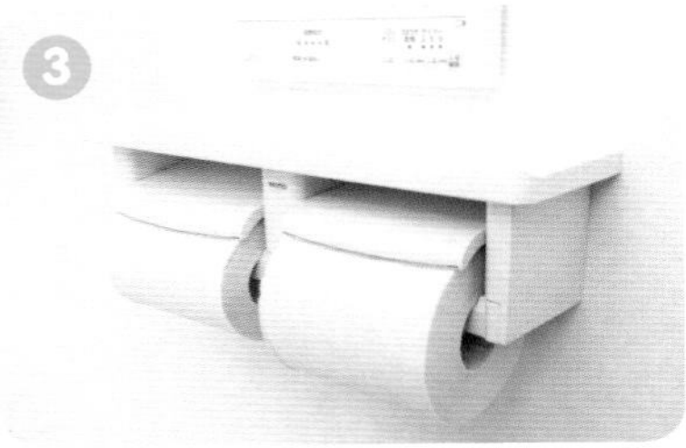

1—4 擦拭表面

掀开马桶盖　　掀开马桶座

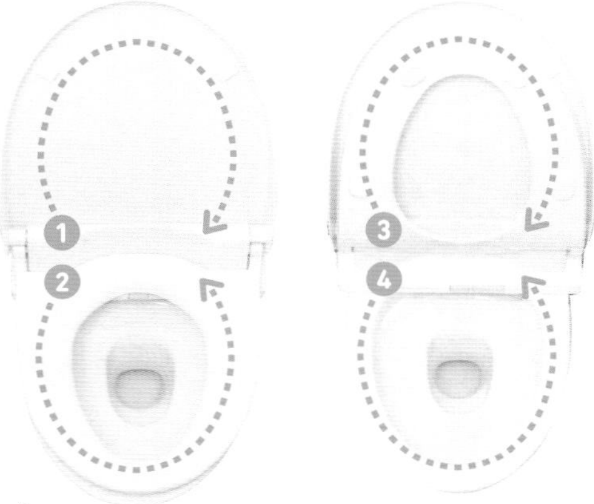

依次圆弧状擦拭

5 擦拭内侧

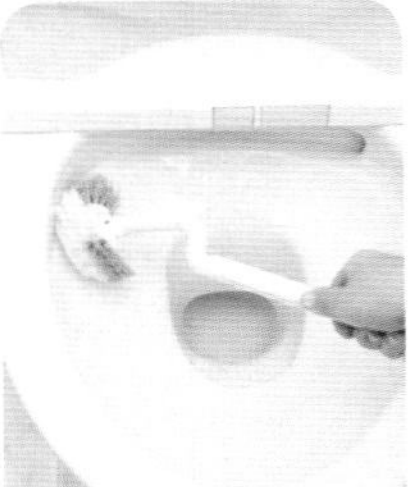

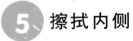

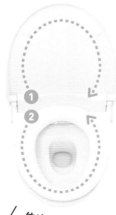

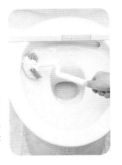

按照马桶盖内侧→马桶座→马桶座内侧→马桶边缘的顺序，用抹布圆弧状擦拭，换一面继续擦拭马桶外侧，再向马桶内侧喷些柠檬酸喷雾后用马桶刷刷洗。

由里而外清理底座和地板

用抹布的两面分别由里而外地擦拭底座和地板。如果墙壁较脏，可以先擦拭墙壁及护墙板。

扎眼的污渍出现了……

马桶里出现了黑色污渍，用小块海绵擦拭干净。排气扇每隔一个月拆开清理一遍。

做家务前先断电。

浴室 养成顺手清理好习惯 跟霉菌、水垢、黏液说拜拜

\ Toilet /

放水沐浴前

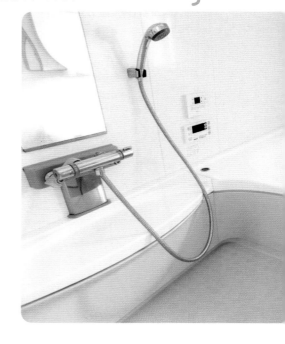

排水口

养成每天清理排水口的习惯后，污渍和气味都不见了。只需在放水前用纱布清理排水口的垃圾即可。这是清理浴室的第一步。

每日
1次

每日在放水前清理垃圾后，用浸有洗涤剂的抹布清洗地漏盖的表面。

每周
1次

每周用旧牙刷清洗地漏盖的背面及内置零部件。

浴缸

往浴缸中放水后倒入些许洗涤剂，再用抹布轻轻擦洗。

地面（清理场地）

从下水道的地槽处开始清理，用抹布将整个地面清洗干净。不脏的情况下只用流水冲洗一番即可。

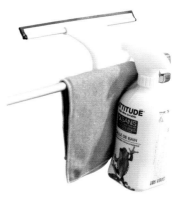

工具只有 3 件

　　每日使用的工具基本上只有抹布、玻璃刷、沐浴乳这 3 样。抹布折叠后便有了海绵般硬邦邦的质感，以此代替海绵（相关介绍请见 P36 ）。抹布吸水性好，作为家务用具必不可少。沐浴后墙壁、镜子上的水气，用一个玻璃刷便可轻松搞定。

\ Bath room /

一日一处　边洗边干

沐浴后用流水顺手清洗一番。沐浴瓶、浴室门、墙壁，每日一处轮流清洗。

墙壁

像擦窗户般吱吱吱~

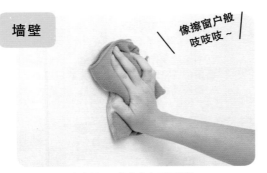

向墙壁喷些洗涤剂，用抹布自上而下擦洗。特别是腰部以下的地方非常容易残留肥皂渣等污渍，因而要特别留意。

门

内侧和窗户一样，用抹布擦洗。门把手及缝隙处用旧牙刷加以清理。

小物件

用热水冲洗沐浴瓶和储物架后，再用抹布擦洗干净。时间充裕时可以把沐浴桶、沐浴椅一起解决掉。

沐浴后清除水汽

霉菌、水垢、黏液乃沐浴3大劲敌。沐浴后的水汽清理能够一举歼灭这3大劲敌。让我们一起打造酒店般干燥舒适的浴室吧。

墙壁

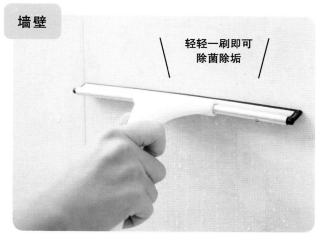

轻轻一刷即可
除菌除垢

用玻璃刷自上而下清除水气。沐浴时溅出的水、蒸腾出的水气，吸附了大量污渍后，被玻璃刷一举消灭干净。

地面

擦拭 & 通风，
保持干燥！

用抹布擦干地面的水之后在排水口处拧干，重复操作数次后，可以擦拭掉80%的积水，剩下的20%通过换气系统自然风干。

\ Bath room /

顽固污渍要防患于未然

对于霉菌、水垢、黏液，要做到防患于未然。相应地，清理工具、操作方法也应简单高效！

霉菌

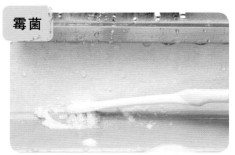

用浸有含氧漂白液的旧牙刷反复刷洗。清洗不掉的情况下，用漂白液浸泡片刻后再清洗。

水垢

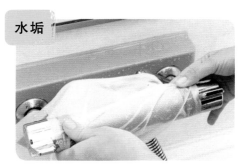

用浸有柠檬酸液的纱布湿敷片刻后取下纱布，再用软海绵擦拭后洗净。

黏液

潮湿的节气里，凹凸的地面容易积聚黏液。用刷子轻轻洗刷，刷不掉的情况下，让洗涤剂来助你一臂之力吧。

每月一次
清洗浴缸

浴缸的下水口盖经常附着白色污垢，因此要作为重点清理对象，每月清洗一次。市面上的清洗剂和含氧漂白剂皆可。

注入热水后，倒入 1.5~2 杯含氧漂白粉。

将浴缸盖、浴缸桶、浴缸椅放入浸泡，除菌、漂白皆可。1 小时后，放掉浴缸里的水。

再注入一遍清水后放掉，最后用旧牙刷清洗下水口盖。

洗漱台　洗脸洗衣的附加任务

清晨洗脸后

· 洗漱台
· 浴室门（外侧）

洗衣服后

· 收纳桶
· 地面

每月1次

· 清洗洗衣机内筒
· 清洗防水板和排水口

洗漱台是和厨房并驾齐驱的家务阵地。虽然易脏，但洗脸、洗衣后顺手清洗，既简单又方便。一天下来的污垢，几分钟即可轻松搞掂。

\ Washroom /

洗漱台的清洗流程

一块抹布即可。

轻轻拧开水龙头，让水慢慢流出，边冲洗抹布边擦洗洗漱台。

拧干抹布后擦拭镜子。

擦干水龙头和洗漱台表面的水滴。

顺便清洗浴室门

将抹布覆盖在门框上，用手指抓住门框的两侧，自上而下将门框擦拭干净。

底部的门槛也用同样的方法擦拭干净。

擦拭浴室门（外侧）。

地面积水的清理流程

清晨，用洗衣机洗完衣服后，只需一块抹布（或一块纱布）即可将洗衣机内筒和地面清理干净。

将收纳桶中的线头或垃圾清理掉。

在手可以伸入的范围内，擦拭防水板的污垢和毛发。

擦地面。

洗漱台湿气重，容易聚集毛发、灰尘等污渍。地垫如果一直铺在浴室门口，既容易滋生霉菌、附着垃圾，又妨碍洗衣拖地。因此只在沐浴前铺上一块薄毛巾，每天一换，和浴巾一起清洗。另外，为了减少地面的物品，不放置垃圾箱，将垃圾扔在厨房的大垃圾箱里。

保持清洁的秘诀

地垫只在沐浴前铺上

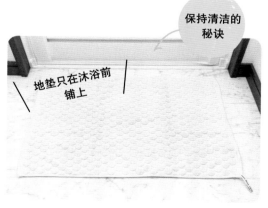

\ Washroom /

清洗洗衣机

每月一次用含氧漂白剂清洗。
睡前将含氧漂白液倒入，浸
泡 6~12 小时。

取出零部件，用旧牙
刷清洗。

将浴缸中剩下的水（约
40 度）倒入洗衣机，
再加入 1.5~2 杯含氧漂
白粉，打开清洗模式。

一段时间后中止清洗
模式，开始浸泡。与
此同时，用旧牙刷刷
洗内筒边缘。

6~12 小时后，将水排
出，再用抹布将内筒
擦拭干净。

清洗防水板和排水口

每月 1 次将洗衣机搬开，清洗防水板和排水口，
除臭、除菌、除黏液、除污渍，一网打尽。

断电后将洗衣机搬开（搬不开
就喊人来帮忙吧）。拔下排水
口处的软管，用抹布仔细擦拭
防水板。

拆下排水口的零部件，记住拆
卸顺序。

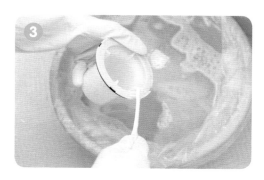

用溶有含氧漂白粉的热水浸泡
零部件后，用旧牙刷清洗，再
归于原位。最后将洗衣机搬回
原位，将软管连入排水口。

[日式房间　便携式拖把和吸尘器一扫天下]

\ Japanese Room /

清洗拉门

按顺时针方向由上而下，从左上方开始擦拭。用便携式拖把就不会浮尘乱舞了。

偶尔拆开看看

拉门很轻巧易拆，偶尔拆开来将角落、接轨处的隐性灰尘清洗干净。

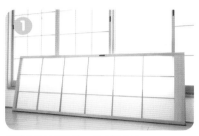

双手扶住拉门两边，用力提起后外拉横向放倒以便清洗。

用干抹布将下槽的积灰擦拭干净。

接轨处等各个角落都擦得一尘不染。

\ Japanese Room /

推着吸尘器在榻榻米上翩翩起舞

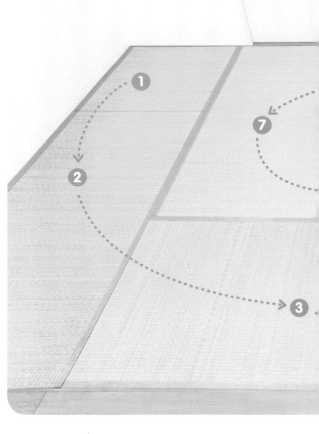

图为 7.5 块榻榻米。不管房间有多大，都按照图示路线清理榻榻米。

　　榻榻米的清理秘诀是"看到哪儿干到哪儿"。由外而内推着吸尘器在榻榻米上画圆，固定的路线有助于缩短时间。

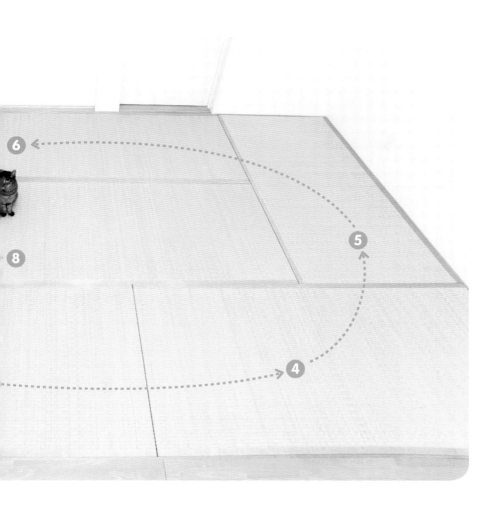

偶尔洒洒水

偶尔将榻榻米打湿后用干抹布擦
拭干净。大晴天的上午,打开窗户,
让好天气和房间共享好心情。

玄关　顺着客人的视线清理一番吧

玄关是决定第一印象的关键。顺着客人的视线重新审视房间，很多隐性污渍一目了然。玄关也是我家清晨固定清理路线的终点。

从门外顺着客人的视线打量房间

清扫地面

清晨，整理好地上的鞋子，再
用笤帚扫扫地，最后用抹布把
穿衣镜、鞋柜擦得分外明亮。

日
Morning

给鞋子喷点芳香剂

傍晚，给第二天要穿的鞋子喷些除
臭剂，放置一晚自然风干后还能闻
到淡淡余香哦。

除臭也是清理玄
关的一大重点

夜
Night

窗户　内外有别　分开清理

\ Window /

每日擦洗内侧窗户

作为每天的固定功课，每日将内侧玻璃
上的手印、污渍擦拭干净。

用湿抹布轻轻
擦拭

\ Window /

空闲时间清理外侧

窗户外的尘土、泥垢比内侧
多很多。擦玻璃擦得太入
神，反而会遭遇熊孩子从内
侧把窗户锁上、猫咪跑到外
面去的危险（这正是本人亲
身经历的悲惨遭遇），所以
一定要在拥有独处的空闲时
间时清理窗户外侧玻璃。

时间不充裕
抹布很给力！

外侧窗户的清洗流程

时间紧张时，请选择"简单"模式；
时间充裕时，请选择"全面"模式。

＼ 简单模式 ／

准备好干湿抹布两块。

用折叠好的湿抹布细心擦拭。

用干抹布擦拭水渍。

最后用抹布擦拭窗框。

＼ 全面模式 ／

准备好一桶水和一个玻璃刷。

浸湿玻璃刷前端的海绵并擦拭污渍。

用玻璃刷的侧面自上而下擦拭水渍。

竹签裹上抹布，清理窗框间隙。

\ Window /

无法在外侧擦拭的窗户

阳台外的窗户，因为无法站在外侧，就采取半面半面分别擦拭的策略。

打开半面窗户，从窗内伸出玻璃刷，半面半面分别擦拭。

\ Window /

清洗纱门窗

清洗纱门窗的方法有很多，市面上出售的专业清理工具也有很多。下面给大家介绍一个以现有工具改造即可使用的清理方法。

在窗户外侧垫一层瓦楞纸或厚纸片，再打开吸尘器吸附灰尘。

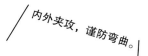

内外夹攻，谨防弯曲。

用两块抹布隔着纱门窗同步擦拭。

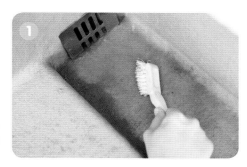

排水口周围的灰尘、泥沙等干燥时容易脱落，用旧鞋刷轻轻一刷即可清除干净。

清扫掉地面和排水口的垃圾后，往地面上洒点水，再用地板刷刷洗一遍。

① 用浸水的海绵擦拭污渍

② 再将海绵放回水桶中冲洗干净

公寓阳台往往容易积水。利用下雨天灌进来的雨水，或像右图那样用少量的水即可清洗阳台啦。玄关处的水泥地也可以用这个方法。

大扫除就是一场节日盛典！

　　每年一次的年末大扫除，对我来说就如同一场盛大的节日庆典般隆重。每到此时，我都能充分感受到劳动的快乐与激情。

　　进入 12 月以后，我会把需要综合大清理的地方清点一遍，再列成清单，秉持着"谢谢各位又陪伴我们度过了美好的一年"的心情去清扫每一处。

　　年末大扫除的起点和终点都设在玄关（颜值高不高就看它了）。从玄关开始，在房间里巡扫一遍后，于门外结束。每年都设定不同的主题，如"家用电器答谢盛典""水池整容节"等等，形式有趣，主题丰富，值得期待哦。

　　蹲在下面瞧一瞧，松开螺丝钉拆开来看一看，能挪动的家具搬一

详情请见"全部取出·整体擦拭·全部归位"（P78）

＊留意脚下！

除了清理工具外这些也功劳不小哦！

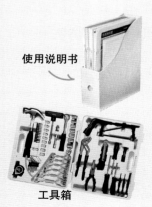

使用说明书

工具箱

搬……在年末尽享家务奢华，将这些平日里设时间做的家务活一口气做个干净畅快。当然也要充分考虑家电安全，把家电、家具的使用说明书细细阅读，用不惯的工具也会顺手起来。

大扫除的高潮就在于给敞亮干净的玄关门点缀上新年装饰的瞬间。像加冠典礼般给象征着家庭颜面的玄关戴上皇冠，郑重其事地在心中默念"明年也请多多关照"。就如同一场盛典的终结，这场最后的神圣仪式总让人无限期待和遐想。

谢谢你们一直读到了最后。

即使每天都重复上演着拿着抹布追孩子的场景，但我还是竭尽所能和大家分享了我们家的家务经。像每一个家庭都有自己的独门料理一样，每一个家庭也都应该拥有属于自己的独门家务秘籍。

"这么清理会更干净""这样操作会更高效"……伴随着越来越多的新发现，追求房间"干净清爽，明亮整洁"的心情也愈发急切。今后，我也要继续摸索家务的各种模式，追求更加快乐、更为轻松的清理方法。

如今，想扔就扔、轻简生活已成为现代社会的主流。但是，在我领略的家务生活里，"留恋与珍视"却是应有的主旋律。

正是孩子和猫咪让我明白了，只有善待身边的物品，充实内心，友好地和人类、动物、自然和谐相处，才能开创美好的未来。

今后，我也要秉持着"与孩子和宠物共同生活"的信条，以创造出治愈人心的居住环境为目标，继续享受做家务的快乐。

　　最后，我想向出版社的工作人员，向一直支持着我、陪伴着我的丈夫和母亲，表达我最诚挚的感谢。

　　还有，向每一位读者、博客上每一位支持我的朋友，没有你们的摇旗呐喊就不会有这本书的诞生，谢谢你们。

　　希望我们每一个人，都可以让自己的家，闪烁出属于我们自己的幸福光芒。

2014 年 2 月　东　和泉

图书在版编目（CIP）数据

与孩子和宠物一起生活的家务秘籍/（日）东　和泉著；李昕昕译 . —武汉：华中科技大学出版社，2015.8
　　ISBN 978-7-5680-0820-4

Ⅰ.①与…　Ⅱ.①东…　②李…　Ⅲ.①家庭生活－基本知识　Ⅳ.①TS976.3

中国版本图书馆 CIP 数据核字（2015）第 083921 号

湖北省版权局著作权合同登记 图字：17-2015-063号

© Izumi Higashi 2014
Edited by MEDIA FACTORY.
First published in Japan in 2014 by KADOKAWA CORPORATION.
Simplified Chinese Character translation rights reserved by
Huazhong University of Science and Technology Press Co., Ltd.
Under the license from KADOKAWA CORPORATION,Tokyo.
through CREEK & RIVER Co., LTD, Tokyo

与孩子和宠物一起生活的家务秘籍 　［日］东　和泉 著　李昕昕 译

策划编辑： 罗雅琴
责任编辑： 高越华
装帧设计： 傅瑞学
责任校对： 九万里文字工作室
责任监印： 周治超
出版发行： 华中科技大学出版社（中国·武汉）
　　　　　　武汉喻家山　邮编：430074 电话：（027）81321913
录　　排： 北京楠竹文化发展有限公司
印　　刷： 北京科信印刷有限公司
开　　本： 880mm×1230mm　1/32
印　　张： 4.5
字　　数： 81 千字
版　　次： 2015 年 8 月第 1 版第 1 次印刷
定　　价： 32.00 元